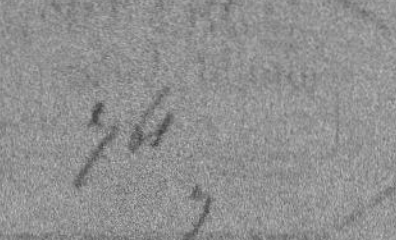

DÉPARTEMENT DES BOUCHES-DU-RHONE.

CHAMBRE CONSULTATIVE

D'AGRICULTURE

De l'Arrondissement d'Aix.

SESSION DE 1859.

Délibérations.

AIX
IMPRIMERIE REMONDET-AUBIN, SUR LE COURS, 55.

1859

CHAMBRE CONSULTATIVE

D'AGRICULTURE

De l'Arrondissement d'Aix.

SESSION DE 1859.

Délibérations.

AIX
IMPRIMERIE REMONDET-AUBIN, SUR LE COURS, 53.

1859

CHAMBRE CONSULTATIVE

D'AGRICULTURE

De l'Arrondissement d'Aix.

SESSION DE 1859.

Séance du 20 Juin.

La Chambre Consultative d'Agriculture de l'arrondissement d'Aix a ouvert sa session ordinaire de 1859 le 20 juin, conformément à la convocation qui a été adressée à chacun de ses membres par M. le Sous-Préfet d'Aix, en exécution de l'arrêté de M. le Préfet des Bouches-du-Rhône, en date du 25 mai précédent.

Présents :

MM. DELMAS, Sous-Préfet, Président ;
    De SAPORTA,
    BERNARD,
    LAUZIER,
    AMPHOUX de BELLEVAL,
    De BEC,
    De FLORANS,
    et BARTHELEMY, Secrétaire, nommé en cette qualité par arrêté de M. le Sous-Préfet, en date du 18 juin courant.

I. — Nomination des Membres de la Chambre d'Agriculture ; Prestation de Serment.

En premier lieu, il est donné lecture de l'arrêté du 17 mai dernier, par lequel M. le préfet des Bouches-du-Rhône a nommé membres de la Chambre Consultative, pour 1859, 1860 et 1861 :

MM. BERNARD,

LAUZIER,

et De MONTAIGU.

M. le Président invite MM. Bernard et Lauzier, présents, à prêter le serment prescrit par la Constitution et modifié par le sénatus-consulte du 25 décembre 1852. A cet effet, il leur donne lecture de la formule du serment, ainsi conçue :

« Je jure obéissance à la Constitution et fidélité à l'Empereur. »

MM. Bernard et Lauzier, debout et la main droite levée, ont répondu : « Je le jure. »

Acte de ce serment a été donné à MM. Bernard et Lauzier, qui ont été déclarés installés dans leurs fonctions.

II. — Nomination d'un Vice-Président.

En premier lieu, il a été procédé à la nomination d'un vice-président.

M. De Bec a été élu à l'unanimité des suffrages.

III. — **Budget de 1859.**

M. le Président invite la Chambre d'Agriculture à procéder à la proposition de son budget pour l'exercice 1860.

La Chambre propose d'établir son budget de la même manière que celui de l'exercice 1859, savoir :

Indemnité au secrétaire de la Chambre. .   **200** fr.

Frais d'impression et achat des publications et ouvrages d'Agriculture. **140**

Frais de bureau. **10**

Total. . . . . .   **350** fr.

IV. — **Emploi du crédit de cent quarante francs, porté au budget de la Chambre pour l'exercice 1859.**

M. le Président fait connaître que le budget de l'exercice 1859 a été réglé à 350 francs, conformément aux propositions qui avaient été faites par la Chambre d'Agriculture et il prie les Membres présents de donner leur avis sur l'emploi à faire du crédit de 140 francs pour impressions et pour achat d'ouvrages d'agriculture, destinés à tenir la Chambre Consultative au courant des progrès de la science agricole.

La Chambre d'Agriculture ,

Ouï les observations des Membres présents ,

Est d'avis que l'emploi le plus utile a faire du crédit dont il s'agit consisterait à faire l'acquisition de l'ouvrage de M. Gasparin, sur l'agriculture, du prix de 49 francs environ, du Dictionnaire d'Agriculture de M. Moll, jusqu'à concurrence de 54 francs pour les premières livraisons parues jusqu'à ce jour et de réserver le surplus du crédit pour l'impression des délibétions de la Chambre.

V. — État des récoltes.

Réponse aux questions posées par le Programme.

QUESTION. — Quel a été, d'une manière générale, pour l'arrondissement, le résultat de la dernière récolte et quelles espérances peut-on concevoir pour celle qui est prochaine?

RÉPONSE. — La récolte de l'année dernière peut être considérée comme moyenne pour les divers produits.

Il est permis d'espérer des résultats meilleurs pour la récolte prochaine, dont les apparences sont généralement belles. Les blés, dont quelques-uns ont un peu souffert de l'abondance des pluies, sont cependant, en général, d'un bon aspect, et les vents qui ont régné dans le mois de juin ont amené une heureuse grenaison. On ne peut savoir encore quelle sera l'intensité de l'oïdium, mais jusqu'à présent le mal est peu sensible. Les amandiers sont couverts de fruits et les oliviers promettent aussi une bonne récolte. Par suite de la température anormale du mois d'avril, les foins ont été peu abondants.

Dans les premiers jours de juin, des orages chargés de grêle, qui ont sévi sur le milieu de l'arrondissement (partie des cantons d'Aix (sud), de Salon et de Lambesc) y ont causé de grands dégâts.

A part cette regrettable exception, la situation des récoltes pendantes, les prix élevés qu'ont obtenus la laine et les agneaux et dernièrement les cocons, sont d'un bon augure pour l'année.

VI. — Maladies de la Vigne et des Vers à Soie.

QUESTION. — Quelle est la situation de l'arrondissement, au point de vue de la maladie de la vigne et de la maladie des vers à soie?

RÉPONSE. — La maladie de la vigne tend à disparaître, le nombre des localités affectées diminue et partout la maladie, là où elle existe encore, semble perdre de son intensité.

La récolte des vers à soie est à peu près terminée. Elle s'est présentée cette année avec des chances fort diverses. Les uns ont accusé des succès peu ordinaires depuis longtemps, les autres se plaignent d'un manquement total, après avoir eu en principe les meilleures espérances de récolte. Pour ceux-ci, leur éducation a eu de belles apparences jusqu'après la troisième mue ; A ce moment, se sont laissés voir les vers malades. On peut dire avec quelque certitude que de la provenance des graines sont venus tout le bien et tout le mal, en sorte qu'il semble que désormais la réussite des éducations soit livrée à la bonne foi des spéculateurs en graines..

VII. — Vœu au sujet des graines mises en vente. — Etablissement de MM. Jouve, Chabaud et Méritan. — Publication en ce qui concerne les graines exotiques, du résultat des récoltes par les agents consulaires.

Aussi la Chambre d'Agriculture croit-elle devoir émettre le vœu que le gouvernement, tout en s'entourant des meilleures garanties pour obtenir des résultats loyaux et exacts, favorise et encourage l'établissement fondé à Cavaillon par MM. Jouve, Chabaud et Méritan, pour l'épreuve préalable des graines de vers à soie destinées à la vente.

D'un autre côté, comme la bonne qualité des graines du Levant dépend, avant tout, des résultats plus ou moins heureux des récoltes obtenues dans les pays d'où elles proviennent, il y aurait un grand avantage à ce que les sériciculteurs de France fussent instruits à l'avance et d'une manière certaine, du résultat de ces diverses récoltes ; ce renseignement leur servirait ainsi de guide dans le choix des graines, suivant leurs provenances.

En conséquence, la Chambre d'Agriculture émet le vœu que le gouvernement recueille auprès des agents consulaires et diplomatiques du Levant des renseignements sur les résultats des récoltes des vers à soie de ces pays, et qu'il les livre à la publicité le plus promptement possible, afin qu'ils parviennent à la connaissance des agriculteurs en temps utile.

VIII. — **Drainage.**

QUESTION. — Quelles sont les causes qui ont jusqu'ici neutralisé, dans la contrée, les mesures prises pour favoriser le drainage, et quelles dispositions y aurait-il lieu de prendre pour modifier cet état de choses ?

RÉPONSE. — Les mesures prises pour favoriser le drainage s'appliquant à peu près exclusivement à l'*agriculture du Nord* et non pas à nos terrains, pour lesquels il ne constituerait qu'une opération coûteuse sans résultat appréciable, il est tout naturel que ces mesures aient été laissées de côté par les agriculteurs. Nos terres ont, avant tout, besoin d'irrigation pendant la saison chaude, le pays étant naturellement très accidenté, les pentes fournissant aux eaux un écoulement immédiat qui n'a besoin que d'être régularisé par quelques travaux aisés à pratiquer; les terres basses, peu nombreuses, sont utilisées comme prairies. Celles où le séjour des eaux pourrait devenir nuisible présentent d'anciens travaux, connus sous le nom de *Clapouires*, et constituant une sorte de drainage rudimentaire suffisant pour rejeter hors des champs les eaux qui n'ont pas d'écoulement naturel.

IX. — Canal du Verdon.

La Chambre d'Agriculture, considérant que si le drainage ne peut être utilement appliqué dans l'arrondissement d'Aix que par exception, il n'en est pas de même de l'irrigation;

Que le seul moyen d'imprimer à l'agriculture de nos contrées une impulsion efficace, consiste dans la création de canaux d'irrigation;

Se référant aux vœux unanimes si souvent émis sur ce sujet par la Chambre d'Agriculture, par le Comice agricole, par le Conseil d'arrondissement, par les Conseils municipaux et par la population agricole entière;

Supplie le Gouvernement de vouloir bien, par tous les moyens possibles, favoriser l'établissement du canal du Verdon, soit en aplanissant les difficultés que peut présenter l'instruction administrative de cette affaire, soit en allouant à ce projet de larges subventions.

————

X. — Plantation de la vigne. Culture en ligne des plantes alimentaires.

QUESTION. — Convient-il d'appeler l'attention des cultivateurs sur les nouveaux systèmes de plantation de la vigne, ainsi que sur la culture en ligne de toutes les plantes alimentaires, notamment des céréales et, dans le cas de l'affirmative, quels moyens employer dans ce but?

On ne peut songer à indiquer un système de plantation de la vigne d'une manière absolue, car les méthodes peuvent et doivent varier suivant la nature du sol et le genre d'exploitation. Le mode généralement suivi aujourd'hui consiste à ménager entre les rangées de vignes un espace suffisant sur lesquels on plante des arbres à fruit et on récolte même des graines et des légumes. Ce système est moins coûteux que la plantation de la vigne à plein dans nos contrées, où le roc est souvent à peu de profondeur; éminemment favorable à la petite exploitation et à la division des propriétés, il a le grand avantage de produire trois genres de récoltes diverses, alors que la plantation de la vigne à plein n'en comporte qu'une. Il convient donc de laisser à la sagacité du cultivateur le soin de choisir le mode de culture le mieux approprié à la nature du sol qu'il exploite et à ses ressources particulières.

La culture des produits alimentaires, légumineux, maraîchers ou leurs équivalents doit être faite en ligne, et on ne la pratique guère autrement, même dans la grande culture.

Mais la culture des céréales faite en ligne n'est pas praticable, quoiqu'on l'ait beaucoup prônée. Elle ne peut être faite que par exception sur une très minime étendue et jamais sur la généralité de l'exploitation. La raison qui s'y oppose est l'impossibilité d'avoir une main-d'œuvre suffisante pour opérer les binages qui deviennent indispensables dans l'intervalle des lignes, main-d'œuvre que ne remplace que très imparfaitement, d'après les expériences faites par des personnes compétentes, l'emploi des *semoirs* et des diverses sortes de *binettes* qui y sont jointes pour donner la culture printanière dans les interlignes.

XI. — Élève de mulets indigènes. Dépôts de baudets.

QUESTION. — Y aurait-il utilité à encourager, en Camargues et en Crau, l'élève des mulets indigènes, en créant près d'Arles un dépôt de baudets?

Attendu que ce projet tend à multiplier les bêtes de trait au grand avantage de l'agriculture ; qu'il pourrait développer chez les cultivateurs le goût de l'élève du mulet, tel qu'il est pratiqué dans le Var, où il procure un bon produit aux populations agricoles ;

Que ce projet aurait encore l'avantage d'améliorèr la race asine, qui est la bête de somme du cultivateur pauvre, d'en multiplier les sujets et faire baisser le prix trop élevé de ces derniers,

La Chambre d'Agriculture est d'avis qu'il y a lieu d'encourager l'élève des mulets indigènes par la création de dépôts de baudets non-seulement à Arles, mais sur d'autres points du département.

XII. — **Epizooties.**

M. de Florans expose qu'il y aurait utilité à demander l'abrogation des lois et règlements sur les épizooties ; que ces règlements manquent le but qu'ils veulent atteindre et sont ruineux pour le propriétaire de troupeaux ; qu'en effet, les troupeaux malades étant cantonnés sur un terrain limité qu'ils ne peuvent franchir, et sur lequel ils ne peuvent trouver une nourriture suffisante, il en résulte pour le propriétaire une aggravation de mal très regrettable.

La Chambre d'Agriculture ,

Considérant qu'il est reconnu que la plupart des maladies épizootiques sont contagieuses, et que, dès-lors, la première précaution à prendre consiste dans l'isolement du troupeau malade ;

Que si, en limitant le parcours des troupeaux malades, le cantonnement peut offrir des inconvénients dans certaines circonstances pour quelques propriétaires de troupeaux, ces inconvénients particuliers ne doivent pas faire perdre de vue l'intérêt général des autres propriétaires de la contrée ou des contrées voisines ;

Est d'avis qu'il y a lieu de rejeter la proposition de M. de Florans.

XIII.

Avant de clore la session de 1859, la Chambre d'Agriculture croit de son devoir d'adresser au Gouvernement ses vifs remerciments et l'expression de sa reconnaissance pour la décision qu'il a prise sur la question des céréales, en maintenant l'Échelle mobile, mesure sans laquelle la fortune de l'agriculteur eût été compromise, et la culture des céréales eût subi une diminution considérable.

Délibéré à Aix, le 20 juin 1859.

Le Président,
A. DELMAS.

Le Secrétaire,
BARTHELEMY.

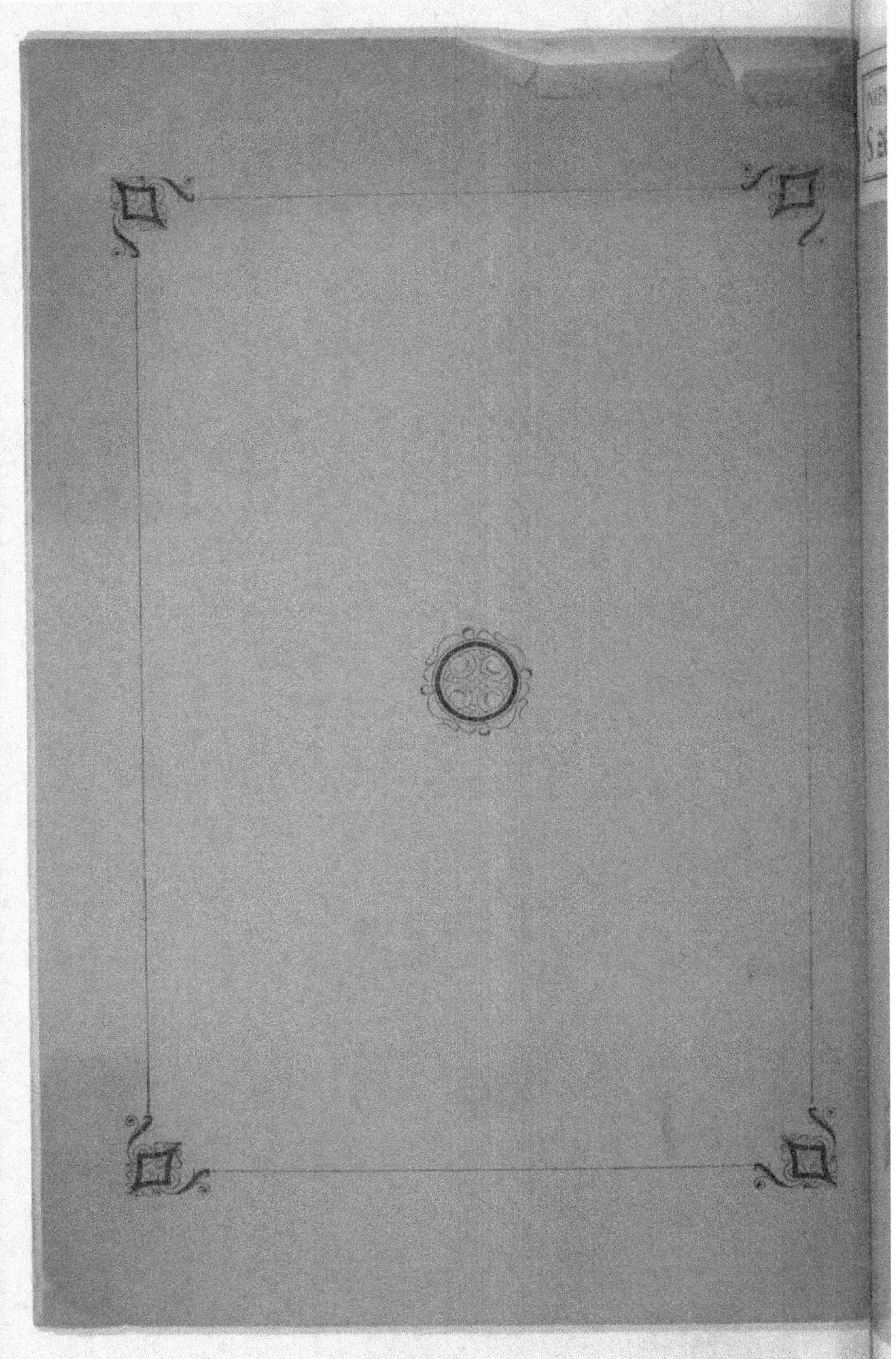

www.ingramcontent.com/pod-product-compliance
Lightning Source LLC
LaVergne TN
LVHW010250060726
842527LV00007B/2713